ÉTUDE

SUR

LE MÉTAYAGE

DANS LA MAYENNE

Par P. LE BRETON

PRÉSIDENT DE L'ASSOCIATION DES AGRICULTEURS DE LA MAYENNE
ET DU COMICE AGRICOLE DE LAVAL

Dans la séance du 26 février 1881, la Société des Agriculteurs de France a décerné à ce travail le prix agronomique attribué à la meilleure étude sur le métayage, conformément aux conclusions du rapport de M. de Monicault, président de la section d'agriculture.

PARIS

IMPRIMERIE DE LA SOCIÉTÉ DE TYPOGRAPHIE
J. MERSCH, DIRECTEUR
8, RUE CAMPAGNE-PREMIÈRE, 8.

1881

ÉTUDE

SUR

LE MÉTAYAGE

DANS LA MAYENNE

Par P. LE BRETON

PRÉSIDENT DE L'ASSOCIATION DES AGRICULTEURS DE LA MAYENNE
ET DU COMICE AGRICOLE DE LAVAL

Dans la séance du 26 février 1881, la Société des Agriculteurs de France a décerné à ce travail le prix agronomique attribué à la meilleure étude sur le métayage, conformément aux conclusions du rapport de M. de Monicault, président de la section d'agriculture.

PARIS

IMPRIMERIE DE LA SOCIÉTÉ DE TYPOGRAPHIE

J. MERSCH, DIRECTEUR

8, RUE CAMPAGNE-PREMIÈRE, 8.

1881

Le travail qui suit n'est point un traité complet sur la question du métayage; il a été écrit pour répondre au programme indiqué par la Société
des Agriculteurs de France qui demandait une étude s'appliquant spécialement à un département ou à un arrondissement déterminé. L'auteur a
simplement décrit ce qui se fait dans le pays qu'il habite, sans rechercher toutes les combinaisons auxquelles peut se prêter le contrat de métayage, sans prétendre surtout que celles qui sont appropriées aux habitudes, au caractère des populations et à la configuration du sol de la
Mayenne puissent être adaptées indistinctement dans les contrées où les
conditions de la culture sont toutes différentes.

ÉTUDE

SUR

LE MÉTAYAGE

DANS LE DÉPARTEMENT DE LA MAYENNE

ET PARTICULIÈREMENT DANS LES ARRONDISSEMENTS DE LAVAL
ET DE CHATEAU-GONTIER

Je comprends trop l'utilité du concours ouvert par la Société des Agriculteurs de France pour que je n'essaie pas de contribuer, dans la mesure de mes forces, à l'étude d'une question si intéressante, en exposant brièvement ce qui se passe sous mes yeux dans la Mayenne.

Nous ne sommes plus au temps où le métayage était traité dédaigneusement par certains agronomes comme un mode suranné, défectueux et transitoire de l'exploitation du sol; l'expérience, dans ces dernières années surtout, a répondu victorieusement aux plus savantes critiques; mais si les faits sont concluants, ils sont souvent peu connus, contestés même par ceux qui n'en sont pas témoins; il est donc nécessaire de les rappeler pour faire apprécier à sa juste valeur cette antique institution qui nous offre le meilleur moyen, l'unique peut-être, de conjurer la ruine de la propriété rurale.

Je crois répondre au désir des promoteurs et des juges du concours en écartant de cette rapide étude toutes les controverses théoriques et en me bornant à un exposé succinct des services que le métayage a rendus et continue à rendre dans la Mayenne (spécialement dans les arrondissements de Laval et de Chateau-Gontier), des obstacles qu'il rencontre, des modifications qu'il est susceptible de recevoir, enfin des avantages qu'il présente sur le faire valoir direct et sur le fermage à prix d'argent.

PREMIÈRE PARTIE

CONSIDÉRATIONS GÉNÉRALES

I. — Origine du métayage.

Il serait fort difficile et d'ailleurs inutile de rechercher à quelle époque précise le métayage s'est établi dans la Mayenne : dans notre département comme ailleurs, il doit remonter au temps de l'abolition du servage, lorsque le paysan, affranchi mais toujours attaché au sol où il était né, continua à le cultiver à titre de colon, acceptant pour rémunération de ses services une portion déterminée du produit de la terre : ce fut une réforme féconde qui substitua à l'indifférence, à l'inertie du serf, l'énergie, l'initiative du travailleur libre.

Le même fait se produisit presque partout : mais tandis que cette coutume du métayage, qui semble avoir été générale à une certaine époque, a été délaissée ensuite dans une grande partie de la France, elle s'est au contraire maintenue dans le département de la Mayenne et paraît y être assurée d'un long avenir. Il y a sous ce rapport entre notre département et ceux qui l'entourent une différence frappante dont il est utile d'indiquer les causes.

II. — Causes de son succès dans la Mayenne.

C'est un lieu commun de dire que le métayage constitue une association du capital et du travail : pour qu'une association volontaire se perpétue, il faut qu'elle assure aux deux parties des avantages réciproques à proportionnés à l'apport de chacune d'elles. C'est ce que sont parvenus réaliser les propriétaires et les cultivateurs de la Mayenne par une entente établie sur des bases si équitables qu'elles n'ont reçu aucune modification essentielle depuis un temps immémorial.

1° USAGES RURAUX

Ainsi s'est formée la coutume à laquelle les conventions particulières ne dérogent presque jamais. Cette coutume est formulée dans les trois Recueils des Usages ruraux particuliers à chacun des arrondissements du département, recueils d'une précision remarquable, qui prévoient tous les détails d'une exploitation rurale. En fixant les droits et les obligations des parties, ils ont rendu extrêmement rares les contestations entre les propriétaires et les exploitants auxquels le plus souvent ils tiennent lieu de bail écrit; ils ont acquis une véritable force législative reconnue par les experts, les juges de tous les degrés, comme par les contractants eux-mêmes.

Je joins à ce travail un exemplaire des Usages ruraux de l'arrondissement de Laval et de l'arrondissement de Chateau-Gontier. La dernière rédaction du premier de ces Recueils a été arrêtée en 1858, celle du second en 1850, mais elle reproduit à peu près textuellement des recueils antérieurs qui remontaient à plus de quarante ans (1).

Ils donneront mieux que je ne pourrais le faire une idée exacte des conditions de l'exploitation du sol dans la Mayenne. Je ne m'occuperai pas de celles de leurs dispositions qui sont relatives au fermage et semblent d'une origine plus récente; je chercherai seulement à faire ressortir les principes généraux sur lesquels repose l'association du propriétaire et du métayer.

Le premier fournit la terre, les bâtiments d'habitation et d'exploitation, certains instruments difficilement transportables comme le pressoir, enfin la moitié du bétail. Il supporte seul les frais des améliorations foncières (entretien des bâtiments, drainages, irrigations, changement de clôtures, etc.) ; il paie la moitié des semences, des engrais et de l'impôt foncier.

Le métayer se charge de toute la main-d'œuvre et de l'outillage ; il fournit la moitié du bétail, des semences, des engrais; il paie la moitié de l'impôt foncier, la totalité de l'impôt personnel et mobilier et des prestations.

En principe tous les produits de la ferme doivent être partagés par moitié; mais plusieurs adoucissements à cette règle se sont introduits dans la pratique. Ainsi non-seulement le jardin est réservé exclusivement aux besoins du métayer et de sa famille, mais celui-ci profite seul 1° de tous les bois mis en coupe régulière tous les six ans sur les nombreuses haies qui délimitent les diverses parcelles de l'exploitation ; — 2° de tout le lait qui n'est pas consommé par les veaux ou les jeunes porcs élevés dans la ferme (excepté dans les petites fermes appelées closeries où le produit du lait est une des principales sources de revenu et doit être partagé d'après des conventions spéciales); — 3° des œufs et généralement de la plus grande partie du produit des poules et des

---

1. Ces premiers recueils avaient été l'œuvre des comices agricoles dont la fondation remonte à 1831 dans la Mayenne. Ils sont déposés à la bibliothèque de la Société des agriculteurs de France.

canards, dont le propriétaire ne reçoit qu'un nombre fixe et fort inférieur à la moitié.

De plus, bien que le propriétaire ne soit obligé à payer que la moitié des engrais achetés au dehors de la ferme, souvent il fournit seul les engrais auxiliaires consacrés aux plantes sarclées ou aux prairies ; de même il refuse rarement de fournir [gratuitement une partie du bois nécessaire à la construction des chars, machines à battre, rouleaux et autres instruments agricoles.

Enfin si la main-d'œuvre est devenue plus coûteuse pour l'exploitant, les habitudes d'hygiène et de confortable qui se sont répandues presque partout ont imposé au propriétaire pour l'entretien ou la reconstruction des maisons d'habitation et des étables un surcroît de dépenses considérable. Si l'on y ajoute les frais occasionnés par les travaux de défrichement, de nivellement, de drainage, en un mot par toutes les améliorations réalisées dans notre pays depuis cinquante ans, on trouvera que l'augmentation des revenus agricoles constatée avant le début de la crise actuelle, ne constituait qu'une rémunération légitime et bien modérée des capitaux accumulés et immobilisés dans les exploitations rurales par les propriétaires successifs des terres de la Mayenne.

2° CARACTÈRES DES RELATIONS ENTRE LES PROPRIÉTAIRES ET LES MÉTAYERS.

Ils ont été, j'ai hâte de le dire, puissamment aidés dans cette œuvre de progrès par l'honnêteté, la bonne foi, les habitudes de travail, d'ordre et d'économie qui distinguaient les familles de cultivateurs et qui se sont heureusement conservées chez la plupart d'entre elles.

Le propriétaire (article 77 des Usages de l'arrondissement de Laval), « a bien le droit de diriger, en général, les opérations de culture et de surveiller l'exécution des travaux ». Mais il habite rarement près de la ferme et d'ailleurs que pourrait-il obtenir même avec la surveillance la plus active, s'il ne trouvait pas dans le métayer un collaborateur docile, disposé à suivre ses conseils, toujours prêt, en son absence, à faire ce qu'exige leur intérêt commun ? Ici, loin d'être indispensable comme dans le faire-valoir direct, la présence incessante du propriétaire serait plutôt nuisible au succès de l'entreprise : s'il conserve la direction générale, il doit laisser au métayer son initiative propre, le choix et la surveillance exclusive de ses auxiliaires, enfin cette liberté d'action qui fait du métayer de la Mayenne l'égal, souvent l'égal envié, de ses voisins fermiers à prix d'argent.

L'influence du propriétaire repose sur la persuasion plutôt que sur la contrainte ; s'il voulait imposer d'une façon autoritaire une méthode nouvelle de culture ou d'élevage, il se heurterait à des difficultés insurmontables. Dans notre département comme ailleurs le cultivateur change avec peine ses habitudes : Il a vu tant de fois des expériences théoriquement bien conçues amener des résultats désastreux dans la pratique, qu'il se défie instinctivement de toute innovation qu'on lui propose ; mais une fois qu'il a pu en constater les avantages, il l'accepte résolument et ne l'abandonne plus. C'est, si l'on veut, une routine meilleure qui se substitue à une routine plus défectueuse, mais n'est-ce pas la marche ordinaire et la plus sûre du progrès ?

3° PROGRÈS AGRICOLES DUS A L'INFLUENCE DU MÉTAYAGE

Quand un propriétaire riche fait valoir directement son domaine, tout le monde sait que c'est pour satisfaire son goût plutôt que pour en retirer bénéfice : s'il y opère, en n'épargnant pas la dépense, des transformations utiles, s'il y introduit les méthodes les plus perfectionnées, on l'admire sans doute, mais on ne l'imite pas, parce qu'on a rarement la preuve qu'avec ce genre d'exploitation il puisse, à moins de circonstances spéciales, obtenir une juste rémunération de ses sacrifices. Au contraire lorsqu'un métayer essaie un procédé nouveau et persiste à le suivre, ses voisins savent bien qu'il n'agirait pas ainsi s'il n'y trouvait son bénéfice, et ils ne tardent pas à suivre son exemple.

C'est de cette façon que s'est répandu peu à peu dans notre pays l'usage de la chaux qui y a produit de si merveilleux effets depuis cinquante ans ; c'est de cette façon encore que notre ancienne race bovine, mal conformée, peu laitière, d'un développement tardif, a totalement disparu du centre et du sud du département pour faire place à ces Durham-Manceaux si souvent vainqueurs dans les concours, et dont la structure régulière, l'aptitude à l'engraissement précoce sont bien connues des engraisseurs du Poitou, de la Flandre et de l'Artois comme des herbagers normands.

Cette transformation complète de notre espèce bovine se serait-elle opérée plus facilement si le système du fermage à prix d'argent avait été dominant dans notre pays ? Je ne le crois pas, car les fermiers ont été en général moins empressés que les métayers à adopter les croisements Durham : il a fallu les sacrifices pécuniaires volontairement consentis par les propriétaires à moitié, il a fallu surtout leur intervention personnelle, leurs conseils réitérés pour décider les cultivateurs à remplacer leurs grands bœufs aux longues cornes, si fiers et si dociles sous le joug, par ces demi-sang Durham qui naissent, grandissent et quittent la ferme à l'âge de trois ans sans avoir fourni aucun travail. Les premiers reproducteurs de pur sang Durham introduits dans la Mayenne ont été placés soit dans des domaines soumis au faire valoir direct, soit dans des métairies exploitées à colonie partiaire ; les fermiers à prix d'argent ne sont entrés dans cette voie que plus tard, lorsque l'expérience des métayers leur en eût démontré les avantages.

Il en a été de même pour la substitution successive des rouleaux de bois aux anciens fléaux et des machines à battre aux rouleaux ; il en est de même en ce moment pour l'introduction des charrues Brabant double soc et en général de tous les instruments agricoles perfectionnés ; il en sera de même sans doute pour l'emploi encore peu répandu des engrais chimiques complémentaires du fumier de ferme ; presque toujours, grâce à la direction vigilante des propriétaires et à leur concours généreux, c'est la culture par métayage qui donne aux fermiers, plus souvent qu'elle ne le reçoit d'eux, l'exemple des innovations utiles et du progrès.

Les questions tant de fois agitées de l'insuffisance du capital d'exploitation et du crédit agricole trouvent aussi une solution bien plus facile dans le métayage. Le fermier est en général moins stable que le colon à moitié ; s'il réalise des bénéfices, il est rarement disposé à les employer dans son exploitation ; toutes les combinaisons plus ou moins pratiques par lesquelles on propose de l'indemniser en fin de bail des améliorations réalisées par lui et non épuisées, ne l'empêcheront pas de chercher dans des valeurs mobilières exemptes d'impôts, indifférentes aux intempéries des saisons et à toutes les mesures qui entravent notre production nationale, un placement plus avantageux des fonds dont il dispose.

De son côté le propriétaire se désintéresse d'une ferme dont il ne peut diriger l'exploitation ; d'ailleurs quand le prix de location est fixé pour une durée plus ou moins longue, sans qu'il puisse l'accroître avant l'expiration du bail, pourquoi ferait-il des améliorations dont le fermier profiterait seul ? Tous ses efforts tendent à réduire le plus possible les dépenses d'entretien qu'il est obligé de prélever chaque année sur le prix de fermage.

Au contraire dans le métayage le propriétaire est pour son fermier un banquier naturel et gratuit, généralement disposé à lui faire des avances ou à lui prêter son crédit. Plus de difficulté pour régler les indemnités dues au fermier sortant, puisque l'exploitant n'agit jamais qu'avec l'assentiment du propriétaire, et après accord établi avec lui (question peu importante du reste dans un pays où les familles de métayers se perpétuent dans les mêmes fermes pendant plusieurs siècles). Autant qu'il le peut, le propriétaire consent à faire les dépenses nécessaires aux améliorations dont il doit immédiatement tirer profit ; le métayer y contribue en se chargeant des transports ou d'une partie de la main-d'œuvre et c'est ainsi que la valeur intégrale des terres, leur force productive s'accroît incessamment par le concours des exploitants et des propriétaires.

4° ÉTENDUE DES EXPLOITATIONS AGRICOLES

Nous avons énuméré les principales causes du succès du métayage dans la Mayenne tenant au caractère des habitants et aux coutumes locales ; il en est une autre, fort importante, qui dépend de la configuration du sol ; je veux parler de l'étendue des exploitations.

Elle doit être suffisante pour que le métayer soit assuré de trouver dans sa part de récolte la quantité de grain nécessaire aux besoins de sa famille ; elle ne doit pas être trop grande pour qu'il puisse cultiver convenablement toutes les parcelles avec sa femme, ses enfants et trois ou quatre domestiques au plus ; autrement il éprouverait les inconvénients de la culture salariée qui devient de plus en plus ruineuse. L'avantage, la force propre du métayage dépend précisément de la supériorité du travail avec participation aux bénéfices, sur le travail à gages fixes, désintéressé du résultat de l'entreprise et trop souvent indifférent à son succès. Il faut que le colon ou ses enfants puisse prendre part à tout ce qui se fait dans la ferme, suivre partout ses auxiliaires, les stimuler sans cesse par son exemple, toujours prêt à s'imposer à lui-même une tâche au moins égale à celle qu'il leur demande.

Les exploitations de la Mayenne sont généralement d'une étendue très bien appropriée à ce rôle du métayer.

Les métairies contiennent généralement de 20 à 40 hectares ; très rarement elles dépassent cinquante hectares ; les closeries consacrées à la culture des céréales et à l'élevage du bétail ne sont guère inférieures à huit ou neuf hectares ; celles qui sont plus restreintes se rencontrent surtout aux environs des villes auxquelles elles fournissent du lait, du beurre, des légumes.

Ces dernières exploitations sont nombreuses, il est vrai, mais elles occupent une superficie relativement peu considérable dans le département ; elles sont pour la plupart cultivées par les petits propriétaires qui les possèdent ou affermées à prix d'argent. C'est sans doute ce qui a porté l'habile rapporteur de l'enquête de 1866 à attribuer au métayage dans la Mayenne une importance moindre que celle qu'il a réellement.

Comme ces petites exploitations sont plutôt employées à l'industrie maraîchère qu'à l'agriculture proprement dite, je ne m'en occuperai pas dans ce travail, sinon pour indiquer à quel point la confiance est traditionnelle et profonde entre les propriétaires et les métayers : Même dans ces closeries, dont tout le revenu consiste en lait et en légumes vendus chaque jour pour des sommes minimes, où par conséquent un contrôle quelconque de la part du propriétaire est absolument impossible, la colonie partiaire se maintient : il n'est pas rare de rencontrer des familles de cultivateurs s'y perpétuant de génération en génération, et des familles de propriétaires maintenant depuis un temps immémorial ce contrat, révocable chaque année et qui se renouvelle par tacite reconduction, sans aucun bail écrit, sans autre garantie que la bonne foi et la probité de l'exploitant !

Mais c'est surtout dans les fermes de 20 à 40 hectares que le métayage présente tous ses avantages : les produits principaux y consistent en *céréales et en bétail.* Le cheptel se compose en général d'une tête de gros bétail par hectare ; il se renouvelle par cinquième ou par quart chaque année au moyen des veaux élevés dans la ferme. *Les jeunes bœufs* sont vendus entre trois ou quatre ans, gras ou demi-gras ; leur valeur est facile à déterminer avec une approximation suffisante au moyen de la bascule et des cours du marché ; la moitié de leur prix est aussitôt versée au propriétaire.

Quant aux céréales, elles se partagent en nature ; le propriétaire ou son représentant assiste au partage qui se fait immédiatement après le battage et sa part est conduite par le métayer à son domicile ou au lieu qu'il désigne dans un rayon de deux ou trois myriamètres.

Dans ces conditions le propriétaire, s'il n'est pas tout à fait étranger aux choses agricoles, peut assez facilement sauvegarder ses intérêts ; il n'est pour cela besoin ni de beaucoup de temps ni de beaucoup de science ; il suffit d'exercer sur la ferme cette surveillance générale qui est de l'essence même du contrat de métayage et on comprend facilement combien cette surveillance est plus efficace dans une exploitation où tout est dirigé en vue de la production du bétail et des céréales, que dans les petites closeries où les menues denrées, fruits, beurre, légumes, forment la principale source du revenu.

Ainsi la configuration du sol, *presque partout accidenté et sillonné* d'une foule de petits cours d'eau qui forment une limite naturelle entre les héritages, la somme du travail que peut fournir le métayer aidé de sa famille, les ressources dont il a besoin pour son alimentation, enfin l'intérêt de surveillance des propriétaires expliquent également pourquoi l'étendue des exploitations de la Mayenne s'y conserve à peu près sans changement depuis plus d'un siècle.

« Beaucoup de grands domaines ont disparu, lit-on dans le savant rapport sur l'enquête de 1866, et se sont divisés, mais la division se fait par corps de biens, en sorte que le nombre des métairies ne doit pas avoir sensiblement diminué. On remarque même que, dans les ventes tout à fait détaillées, si une pièce de terre est acquise séparément, elle est réunie à un corps de biens déjà formé et dont elle augmente l'importance. Il y a donc division des grandes propriétés et reconstitution des moyennes. »

Cette observation très juste se trouve confirmée par l'examen des cotes foncières dont le nombre augmente plus lentement qu'ailleurs parce qu'il est dû à peu près exclusivement au développement de la propriété urbaine et non à un morcellement du sol analogue à celui qui a été constaté dans plusieurs départements.

III. — Obstacles qui s'opposent actuellement au développement du métayage.

Dans tout ce qui précède, je me suis efforcé d'indiquer sommairement les causes auxquelles j'attribue principalement le maintien et la prospérité du métayage dans la Mayenne. Mais sous peine d'encourir le reproche d'un optimisme exagéré, je ne dois pas dissimuler les motifs d'inquiétude qui, *ici comme ailleurs, frappent l'esprit de tout observateur consciencieux.*

Les obstacles ne viennent pas que d'un seul côté :

Le progrès si rapide réalisé, il y a une quarantaine d'années, dans notre département, fut singulièrement favorisé par le concours des grands propriétaires qui, en renonçant aux fonctions publiques et à l'armée, cherchèrent dans l'agriculture un emploi à leur intelligence et à leur activité. Leur exemple fut suivi : il y eut entre les riches familles de la bourgeoisie une sorte d'émulation à reconstruire les fermes, à entreprendre des travaux de nivellement, de drainage, à perfectionner le bétail. Ces efforts, secondés par la création de routes nouvelles et plus tard par la construction des chemins de fer, amenèrent dans notre pays un développement merveilleux de la prospérité agricole, Aujourd'hui, malheureusement, il n'en est plus de même ; la propriété rurale a des charges si lourdes à supporter, elle donne des revenus si faibles et si incertains, que beaucoup de propriétaires sont dans l'impossibilité de poursuivre l'œuvre d'amélioration résolument entreprise jadis, plus lentement continuée ensuite et abandonnée aujourd'hui comme si elle pouvait être jamais achevée ; le symptôme le plus grave, c'est qu'on désespère de l'avenir de la propriété foncière ; ceux qui ont des ressources disponibles les emploient de préférence à l'achat de valeurs mobilières, de fonds d'État ou d'actions industrielles ; beaucoup semblent se désintéresser de tout ce qui concerne la culture, ils abandonnent leurs métayers à leur propre initiative et renoncent à exercer sur eux une direction qu'ils croient impuissante à conjurer leur ruine commune.

Les métayers de leur côté éprouvent des difficultés de plus en plus grandes à retenir auprès d'eux les auxiliaires dont ils ont besoin : depuis 1860 le prix de la main-d'œuvre a augmenté dans une proportion considérable ; les domestiques de ferme n'exigent pas seulement des gages plus élevés, mais une nourriture plus délicate et surtout une liberté plus grande ; leurs services coûtent sensiblement plus cher et ils fournissent moins de travail. Les métayers sont donc obligés de simplifier leurs cultures, souvent même de ne donner à la terre qu'une préparation insuffisante, afin de diminuer le plus possible le nombre de leurs auxiliaires.

Comment en serait-il autrement en présence de ce mouvement de plus en plus marqué qui entraîne les habitants des campagnes vers les villes, surtout vers Paris ? La population totale du département a diminué de plus de 23.000 âmes depuis 1861 ; elle est aujourd'hui inférieure à ce qu'elle était il y a cinquante ans, bien que le nombre des naissances soit supérieur à celui des décès. En même temps qu'il s'opère une émigration constante hors du département, la population qui y reste se concentre dans les villes. Les jeunes gens en quittant le service militaire se montrent rarement disposés à reprendre les habitudes de la vie rurale, à moins qu'ils n'aient l'espoir de remplacer leur père comme métayers ou comme fermiers à prix d'argent : ils cherchent des emplois soit dans l'industrie, soit dans les chemins de fer, ils sont perdus pour l'agriculture.

Sans doute bien des causes morales, l'affaiblissement des croyances religieuses, les excitations de la presse révolutionnaire, le goût des plaisirs faciles, contribuent pour une certaine part à ce résultat ; mais ne s'explique-t-il pas aussi par l'accroissement des charges publiques (centimes additionnels, journées de prestation, droits d'enregistrement, etc.), qui depuis dix ans sont venues imposer aux cultivateurs une entrave nouvelle, juste au moment où ils avaient plus de peine à tirer parti de leurs produits par suite du développement des importations étrangères ?

Depuis quatre ans surtout la situation est devenue grave : les plus courageux s'inquiètent ; beaucoup désespèrent de l'avenir, ils détournent leurs enfants d'une profession où le chef d'exploitation, malgré sa vigilance, son ardeur au travail, arrive en fin d'année à réaliser un bénéfice inférieur à celui des auxiliaires qu'il emploie.

IV. — Des effets de la crise actuelle sur les fermiers et les métayers.

Je n'insisterai pas sur ce point ; pour traiter toutes les questions qui s'y rattachent, il faudrait trop étendre les limites de ce travail. Je ferai seulement remarquer qu'en présence des obstacles divers qui, en ce moment, entravent d'une manière générale notre production agricole, les cultivateurs-métayers ont eu moins à souffrir que les fermiers à prix d'argent et surtout que les propriétaires exploitant eux-mêmes leurs domaines par domestiques.

Les cultivateurs de ces deux dernières catégories ont été directement atteints par la crise qui sévit depuis quatre ans : comme la vente des céréales constitue la plus grande partie, environ les deux tiers de leurs revenus, l'entrée en franchise des blés étrangers, favorisée par le perfectionnement et le bon marché extraordinaire des transports, ne pouvait manquer de leur causer une perturbation profonde ; quel fermier aurait supposé ce qu'aucun économiste n'avait prévu, à savoir que le prix du blé diminuerait après les récoltes les plus mauvaises ? Comment payer les gages des ouvriers ? Comment exécuter les baux consentis dans des conditions si différentes ? Comment le propriétaire-exploitant trouverait-il l'intérêt des capitaux immobilisés par l'achat d'une terre dont les principaux produits sont subitement frappés d'une dépréciation considérable ?

Pour les métayers, les embarras ont été moindres ; comme l'alimentation de leur famille et de leurs domestiques emploie toujours une grande partie, et dans ces dernières années, presque la totalité du blé qu'ils reçoivent en partage, les importations étrangères leur ont été moins préjudiciables pour le blé que pour les petites céréales et le bétail.

Quant aux propriétaires à moitié qui reçoivent en nature les blés, les orges et les vendent ensuite à leurs risques et périls, ils ont nécessairement subi une perte de revenu correspondante à l'abaissement artificiel causé sur nos marchés par les privilèges dont jouissent en France les produits étrangers. De plus, ils ont dû, dans beaucoup de cas, tant les dernières récoltes ont été désastreuses, venir en aide à leurs métayers, soit en leur laissant une fraction plus ou moins grande de leur part de blé, soit en avançant le prix de la chaux et des amendements dont la dépense incombe pour moitié aux exploitants. Généralement les propriétaires n'ont pas manqué de remplir, autant qu'ils l'ont pu, ce devoir d'assistance envers leurs fermiers, toutes les fois que cela a été nécessaire, et particulièrement dans ces années 1877, 1878, 1879 qui seront comptées par les agriculteurs de la Mayenne parmi les plus malheureuses du siècle.

Partout, sauf de rares exceptions, les rapports entre les propriétaires et les métayers sont restés empreints de ce caractère de bienveillance ; si les ventes, les saisies mobilières se sont multipliées dans les campagnes, nulle part elles n'ont été provoquées par les exigences des propriétaires à moitié, et il est à remarquer que les créanciers qui ont cru devoir recourir à ces mesures rigoureuses les ont employées bien plus fréquemment contre des fermiers à prix d'argent ou contre de petits propriétaires cultivant eux-mêmes leur domaine que contre des métayers.

V. — Modifications proposées au contrat de métayage.

Cette observation était nécessaire pour montrer combien les conditions véritables de notre vie agricole sont méconnues par ces conseillers officieux ou officiels qui d'un mot prétendent trancher le grave problème de notre situation économique, en disant aux propriétaires : « Vous déplorez les souffrances des cultivateurs, il dépend de vous d'y mettre un terme : modifiez vos vieux usages, faites des baux par lesquels vous vous obligerez à ne prendre désormais que le tiers ou le quart, au lieu de la moitié des produits de la ferme ! « Comme si, en réalité, la part du propriétaire n'était pas déjà bien inférieure à la moitié, comme si la valeur de cette part n'était pas diminuée plus que celle de l'exploitant par l'abaissement du prix des céréales ; comme si enfin la contrainte et la rigueur du droit pouvaient remplacer ces sentiments de bienveillance et de sympathie qui subsistent encore, Dieu merci, et qui, j'espère, se perpétueront entre les propriétaires et leurs métayers !

De pareils conseils ne mériteraient aucune attention s'ils étaient dictés seulement par la passion politique et par cet esprit haineux qu'on rencontre si souvent dans certains organes de la presse radicale, mais ils semblent émaner d'une inspiration gouvernementale, il faut donc y répondre.

Lorsqu'ils furent formulés dans un langage fort habile au milieu d'un rapport sur le concours régional de la Mayenne, la stupéfaction des auditeurs fut grande : quelle déclaration inattendue dans une bouche officielle ! Quelle critique plus amère pouvait-on faire de notre législation économique qu'en présentant ainsi comme une chose définitive, comme une conséquence inéluctable des doctrines libre-échangistes cette dépréciation d'un tiers ou d'un quart des revenus immobiliers ! Comment accepter cette sorte d'expropriation, sans indemnité préalable, sans utilité publique démontrée, de tous ceux qui possèdent le sol français ?

Sans m'arrêter à ce côté de la question, je déclare qu'à mes yeux ce serait une déplorable erreur de chercher dans cette voie les modifications qu'il pourrait être utile d'apporter à notre contrat de métayage :

Autant les propriétaires se montrent disposés dans la Mayenne à ne jamais abuser de leur droit, autant ils sont résolus à maintenir leurs prérogatives légitimes dont jamais, du reste, nos populations rurales n'ont songé à leur contester l'usage. Ce n'est pas en abrogeant le vieux principe du partage par moitié, ce n'est pas en restreignant à une fraction minime la part du propriétaire dans les produits, qu'on le décidera à faire de nouveaux sacrifices pour ramener la prospérité perdue ! Qu'on l'engage à prendre une plus grande part dans les dépenses, à participer dans une plus large mesure au parfectionnement de l'outillage et à l'achat des engrais, je le conçois, et beaucoup de propriétaires donnent cet exemple ; mais agiraient-ils de même s'ils ne devaient plus compter que sur le tiers ou le quart des produits?

VI. — Modifications réalisables.

Avant tout, ces sacrifices doivent être laissés à la libre initiative du propriétaire qui leur donne mille formes diverses selon les besoins de chaque ferme et selon la capacité de l'exploitant; mais si l'on veut qu'ils soient largement accordés et féconds en résultats utiles, il faut qu'à la générosité du maître corresponde la bonne volonté, l'effort du colon : c'est là le ressort propre du contrat de métayage.

Qu'on allège les charges qui pèsent si lourdement sur la propriété rurale, qu'on réforme nos tarifs de douanes, nos tarifs de chemins de fer; qu'on inspire aux jeunes gens des classes aisées le goût de l'agriculture, qu'on leur facilite les moyens d'y trouver un emploi honorable et avantageux de leur intelligence et de leur fortune, et bientôt ils reprendront les traditions de leurs pères ; ils sauront aider leurs métayers à profiter de toutes les ressources nouvelles que la science pourra leur offrir ; ils ne refuseront point de contribuer aux dépenses de l'exploitation dans la mesure qui sera nécessaire pour rendre la production du sol plus régulière et plus abondante.

Ce que je tiens à constater, c'est que non seulement le métayage, tel qu'il est pratiqué dans la Mayenne, ne forme point un obstacle aux améliorations agricoles, mais de tous les systèmes d'exploitation, c'est celui qui, au milieu de la crise actuelle, sauvegarde le mieux les intérêts des cultivateurs et des propriétaires.

Pour les premiers, j'ai expliqué plus haut comment, grâce au partage des céréales en nature, ils avaient eu moins à souffrir que les fermiers obligés à verser à époque fixe une somme en argent et cette assertion se trouve confirmée par un nombre assez considérable de fermiers qui, dans ces derniers temps, ont demandé à convertir leur bail en un contrat de métayage.

Les propriétaires, de leur côté, n'ont pas eu à regretter d'avoir choisi ce mode d'exploitation : car s'ils ont éprouvé, ainsi que nous l'avons indiqué, une diminution sensible dans leurs revenus, s'ils ont dû même dans beaucoup de cas venir en aide à leurs métayers, ils ont du moins retiré de leur ferme un certain produit; ils ont maintenu leurs terres dans de bonnes conditions d'exploitation et d'entretien; ils n'ont pas été réduits à cette extrémité douloureuse que connaissent tant d'autres propriétaires placés en face d'un fermier insolvable, d'un cheptel détruit et d'une terre inculte ne trouvant pas de preneur !

VII. — Motifs d'espérer le maintien du Métayage dans la Mayenne.

On peut donc espérer que le métayage se maintiendra dans la Mayenne : deux motifs principaux me donnent cette espérance.

1° Pour devenir métayer, un homme robuste et laborieux n'a besoin que d'un capital modeste ; on estime en général à trois ou quatre cents francs par hectare la somme qui lui est nécessaire pour payer sa part de bétail, les instruments aratoires indispensables, enfin les semences et les engrais qu'il doit fournir en s'établissant dans une ferme. Souvent même, quand son honorabilité et son aptitude sont connues, le propriétaire n'exige pas le payement immédiat de la moitié du bétail, ce qui diminue assez sensiblement ce chiffre.

Avec d'aussi faibles ressources il vit, élève sa famille et trouve en vingt ou trente ans le moyen de réunir des ressources suffisantes pour établir ses enfants métayers comme lui.

Le fermier au contraire paye en entrant la totalité du bétail ; il doit en outre posséder un capital de garantie qui assure au propriétaire le payement des fermages dans les années mauvaises ; il a donc besoin de ressources au moins deux fois plus grandes que le métayer et, s'il a le même nombre d'enfants, il faudra qu'il réalise des bénéfices bien plus considérables pour les mettre en situation de devenir fermiers à leur tour.

Qui ne voit combien le colonage partiaire est plus favorable aux hommes laborieux et sans fortune qui veulent s'élever à la dignité de chef de famille et en remplir les devoirs en assurant l'avenir de leurs enfants ? Il n'est pas un domestique de ferme qui ne puisse en dix ou douze ans, par la seule accumulation de ses gages, amasser des ressources suffisantes pour prendre la direction d'une métairie et mettre à profit l'expérience qu'il a pu acquérir. Dans quelle industrie a-t-on trouvé une combinaison plus ingénieuse, plus pratique, plus conforme aux besoins d'une saine démocratie, que cette antique institution du métayage grâce à laquelle le simple ouvrier peut, après dix ou douze ans de travail, être assuré de devenir patron à son tour ?

2° Enfin comment les propriétaires ne verraient-ils pas les inconvénients de la culture salariée qui ruine, ou du fermage qui divise en deux camps ennemis les possesseurs du sol et ceux qui l'exploitent ? Ils préféreront, j'en ai le ferme espoir, le métayage comme le moyen le plus sûr que puissent choisir des hommes intelligents pour tirer parti de leurs terres, sans s'exposer aux ennuis et aux déceptions de l'exploitation directe, sans tomber dans une indifférence dont ils ne tarderaient pas à ressentir les fatales conséquences. Ils comprendront que c'est pour eux un devoir social, une mission patriotique de maintenir, de développer cette association salutaire du travail et du capital : n'est-ce pas la meilleure réponse qu'ils puissent faire à toutes les utopies socialistes? N'est-ce pas la digue la plus puissante qu'ils puissent opposer aux convoitises révolutionnaires? N'est-ce pas pour eux le moyen le plus efficace et le plus facile de contribuer au relèvement de la patrie?

DEUXIÈME PARTIE

MONOGRAPHIE D'UNE MÉTAIRIE
DE L'ARRONDISSEMENT DE LAVAL

Pour suivre le programme du concours, je dois ajouter aux considérations générales qui précèdent quelques renseignements spéciaux sur une ferme déterminée. Les résultats que j'indiquerai ne sont pas fictifs ; ils ressortent d'une comptabilité précise ; je citerai même, malgré leur aridité, d'assez longs extraits du livre de compte, afin qu'on puisse mieux juger quelle est la véritable influence du métayage et combien d'obstacles, quel que soit le système d'exploitation adopté, s'opposent au succès d'une entreprise agricole.

Description.

J'ai choisi la métairie de L., non qu'il entre dans ma pensée de la citer comme un modèle à suivre, loin de là ; il existe dans la contrée une foule d'exploitations plus favorisées pas la nature du sol, plus avantageusement situées, mieux bâties, mieux cultivées, possédant un bétail de qualité supérieure et donnant des revenus plus considérables. Je crois cependant devoir la prendre comme objet de cette étude parce qu'elle offre à mes yeux un exemple frappant de la supériorité du métayage sur le fermage à prix d'argent, et qu'elle représente assez exactement le type moyen des fermes de troisième qualité qui sont les plus nombreuses encore dans l'arrondissement de Laval.

Cette métairie se compose de vingt-six hectares dont la plupart avaient été portés de la troisième, de la quatrième et même de la cinquième classe au moment de la confection du cadastre ; plusieurs parcelles n'ont été défrichées et mises en culture que depuis cette époque (1) ; la sol est argilo-siliceux, très légèrement calcaire avec sous-sol trop peu perméable ; elle est située sur un plateau élevé, mais par suite des ondu-

---

1. C'est à cette circonstance qu'il faut attribuer le taux peu élevé de la contribution foncière qui dans cette métairie n'atteint pas, en moyenne 5 fr. l'hectare ; tandis que dans beaucoup de fermes cette moyenne varie de 12 à 25 francs.

lations du terrain et de sa composition, l'écoulement des eaux s'y opère lentement ; les travaux de drainage y sont difficiles parce que les drains collecteurs de plusieurs parcelles ne peuvent trouver de débouché que dans un ancien chemin communal abandonné sans entretien, mal nivelé et qui dans les années pluvieuses se transforme en un bourbier impraticable.

Son produit sous le régime du fermage.

Cette métairie a été louée pendant plus de quarante ans au fermier D. et plus tard à son fils dont le dernier bail, expirant en 1868, avait porté le prix de fermage à seize cents francs, soit environ soixante francs par hectare. C'était un prix modéré, mais qu'il était difficile à un fermier d'élever beaucoup. D. était laborieux, rangé, économe, mais trop disposé à chercher ses bénéfices dans la culture des céréales plutôt que dans l'amélioration du bétail ; il était parvenu à réaliser certaines économies ; toutefois ses bénéfices devaient être assez restreints, car plutôt que d'accepter aucune augmentation du prix de location, il demanda à devenir colon à moitié.

Comme sa probité était connue, et qu'il se montrait disposé à suivre les conseils du propriétaire, celui-ci consentit bien volontiers à le prendre comme métayer ; il lui accorda donc un bail à moitié pour une année à partir du premier novembre 1867. (La plupart des baux de métayage ne sont consentis que pour un an et se renouvellent par tacite reconduction pendant plusieurs générations.) Celui dont nous parlons n'a reçu aucune modification depuis 1867, il est encore en vigueur entre le propriétaire et le successeur de D. A la rigueur ce bail n'était pas nécessaire puisqu'il n'apporte aucune dérogation importante aux usages ruraux de l'arrondissement de Laval (dont un exemplaire est annexé à ce travail).

Bail de métayage.

En l'écrivant le propriétaire n'avait d'autre but que d'appeler l'attention de D. sur la nécessité de modifier ses assolements et son mode d'élevage. Voici du reste les principales dispositions de ce bail.

« Art. 2. Il y aura sur la ferme telles quantités et espèces de bestiaux qu'il plaira au bailleur et les pièces de terre seront ensemencées et cultivées dans l'ordre et avec les espèces de grain qu'il désignera, sans qu'il y ait jamais plus d'un tiers des terres arables ensemencées en céréales d'hiver, ni plus d'un sixième en orge ou avoine de printemps ; il ne sera semé de trèfle que dans le sixième consacré aux orges et avoines de printemps, un autre sixième sera cultivé en choux, poitevins, betteraves, carottes ou pommes de terre et le dernier sixième en coupages verts tels que vescerons, pois, seigles, maïs.

« Art. 3. Il sera mis sur le lieu autant d'engrais étrangers qu'il conviendra au bailleur; tous ces engrais seront transportés et étendus par le preneur et payés par moitié, par lui et par le bailleur. »

(Cette clause très formelle n'a pas empêché le propriétaire de consentir volontairement à prendre seul à sa charge pour l'amélioration des prairies une assez grande quantité d'engrais.)

Les autres dispositions ont moins d'importance et se réfèrent aux usages ruraux de l'arrondissement de Laval (1).

Le bétail de la ferme appartenait entièrement au fermier D.; il fut estimé par un expert à la somme de 5.311 francs. La moitié de cette somme (2655 francs) fut versée à D. par le propriétaire, ce qui augmenta d'autant le capital disponible du métayer. Celui-ci conserva tout son ancien outillage, comprenant une machine à battre, tarare, herses diverses, plusieurs charrues, deux grandes charrettes, deux tombereaux, une carriole, des harnais etc. Il y ajouta un scarificateur et une charrue moins défectueuse que ses anciennes. Tout cela joint au mobilier de sa maison et à la valeur de la moitié du bétail représentait un capital d'environ neuf mille francs soit 346 francs par hectare. D. possédait en outre des rentes 5 0/0 provenant de la succession de ses parents et de ses propres économies, mais cette réserve, dont bien peu de métayers disposent à leur début, resta complètement en dehors du capital d'exploitation et n'exerça aucune influence sur l'entreprise.

Réformes réalisées, grâce au métayage.

D. avait conservé l'ancienne habitude du pays de faire travailler ses bœufs à partir de l'âge de trois ans jusqu'à six ou sept ans: ses ventes de bétail étaient irrégulières, elles comprenaient tantôt deux bœufs de six ou sept ans et deux bouvillons d'un an et demi à deux ans; tantôt quatre jeunes bœufs de deux ans, enfin une vieille vache ou un poulain, quelques moutons et trois ou quatre porcs. Presque toujours les animaux étaient mal nourris, la ferme ne produisant que peu de foin, peu de choux, encore moins de betteraves et des herbages peu nutritifs, parce que les fumures étaient presque toujours insuffisantes.

Le premier soin du propriétaire fut de faire exécuter tous les travaux de labour et de transport par les chevaux seuls, de rendre l'élevage plus régulier, d'augmenter la précocité des animaux de race bovine par l'infusion du sang Durham et par une nourriture meilleure, d'augmenter la

1. Une copie de ce bail est déposée à la bibliothèque de la Société des agriculteurs de France.

production fourragère en diminuant l'étendue des emblavures, enfin de ne laisser présenter aux foires que des animaux sinon tout à fait gras, du moins en bonne voie d'engraissement.

Dans ce but, un hectare fut pris sur les terres arables et transformé en prairie ; une luzernière fut établie dans un champ de deux hectares ; malgré la nature défavorable du sous-sol qui ne permet guère à la luzerne de vivre plus de trois ou quatre ans, grâce à des canaux de desséchement et à des drainages, on est parvenu à maintenir la culture de cette plante si utile et à la faire entrer dans la rotation ordinaire de la ferme sur une étendue de deux à trois hectares.

Assolement.

A partir de 1868 l'assolement fut ainsi réglé : six hectares de prairies naturelles, deux hectares au moins en luzerne, six hectares en froment, trois hectares en orge ou avoine, trois hectares en choux, betteraves, carottes, pommes de terre ou topinambours, trois hectares en trèfle fauché deux fois la première année, pâturé, puis retourné la seconde ; le reste est employé en coupages divers coupés, et consommés en vert depuis le mois de mars jusqu'à la fin de juin ou en maïs coupé à la fin de l'été. Les prairies naturelles sont fauchées du 15 au 30 juin, suivant l'usage du pays, puis pâturées jusqu'à la fin de l'année.

Des pommiers, des poiriers à cidre existaient autrefois en très grand nombre dans l'intérieur des champs ; ils ont été éclaircis ou même supprimées tout à fait parce que leur produit était bien inférieur au dommage qu'ils causaient aux récoltes. Les haies, très garnies de chênes, de châtaigners, de frênes formaient autour de chaque parcelle un rideau impénétrable. Une partie de ces haies a été abattue ; sur celles qui ont été conservées, le propriétaire a vendu un grand nombre de chênes et de châtaigniers ; en réservant la plupart des émousses ou têtards dont les pousses coupées tous les six ans appartiennent au métayer. La plantation des jeunes arbres à fruits a été strictement limitée au pourtour des champs et aux prairies.

Produit obtenu par le métayage dans la période de 1868 à 1872.

Dès la première année, D. se félicitait de sa nouvelle situation qui lui semblait plus avantageuse pour lui que celle de fermier. En effet, l'année 1868 fut assez favorable, puisque la part du propriétaire composée de la moitié des céréales, de la moitié du bétail vendu, de la moitié du cidre, etc., déduction faite de la moitié du prix des engrais étrangers à la ferme, et de la moitié des semences et des impôts fonciers, en un mot, de toutes les dépenses incombant au propriétaire, s'éleva à 2.236 francs.

Même en retranchant de cette somme l'intérêt du capital immobilisé par le propriétaire dans l'achat de la moitié du bétail, c'était un revenu net supérieur d'au moins 500 francs au prix du fermage antérieur. Il est vrai que ce résultat fut dû en partie à la récolte des céréales qui atteignirent cette année le prix de 27 francs l'hectolitre.

Mais le progrès continua les années suivantes et malgré les malheurs de l'hiver 1870-1871, où les blés furent gelés, les fourrages réquisitionnés pour les besoins de l'armée et le bétail vendu en partie, faute de nourriture, selon le bon plaisir des fournisseurs du 17ᵉ corps, le revenu net moyen des cinq premières années de colonie partiaire dépassa un peu deux mille francs, soit une augmentation de 25 0/0 sur le revenu obtenu précédemment au moyen du fermage.

Améliorations foncières réalisées pendant la même période.

Ce résultat n'avait pas été obtenu sans certains sacrifices dont je tiens compte dans ce calcul. En effet, différentes améliorations foncières avaient été réalisées pendant cette période aux frais du propriétaire.

1º Des drainages furent exécutés dans deux parcelles très humides : les drains, formés de pierres concassées extraites sur la ferme, furent construits avec soin car ils fonctionnent encore bien aujourd'hui et non seulement leur effet est plus durable que celui des drains en tuyaux de terre cuite, mais ils reviennent à moins cher puisque l'assainissement de trois hectares (abstraction faite de la valeur intrinsèque de la pierre et de son transport de la carrière au bord de la tranchée, transport exécuté gratuitement par l'exploitant) n'imposa au propriétaire qu'une dépense de 900 francs.

2º Une grange fut transformée en écurie, dépense pour le propriétaire 600 francs.

Si l'on ajoute ces deux sommes aux 2.655 francs représentant la part du propriétaire dans le bétail, part achetée par lui au début de l'entreprise, on trouve qu'il avait immobilisé un capital d'un peu plus de quatre mille francs, qui fut en partie couvert d'ailleurs par les ventes de bois effectuées par lui. Si on déduit de 2.236 francs, chiffre du produit net de la première année, et qui représente à quelques francs près la moyenne de la période 1868-1871, on voit que nous avons pu porter à 25 0/0 l'augmentation de revenu obtenue par le propriétaire.

D., de son côté, se déclarait convaincu que sa situation était bien meilleure qu'avant 1867, non seulement à cause des pertes qu'il aurait eu à supporter seul s'il avait été fermier en 1871, mais parce que ses bénéfices étaient à la fois et plus assurés et plus considérables.

2ᵉ Période 1872-1880.

L'exploitation put reprendre son cours normal en 1872, l'élan donné a la production s'accentua et les trois dernières années que D. passa à la ferme furent les plus productives. En 1875, D., déjà âgé et sans enfant, se retira dans une petite closerie qu'il acheta avec le fruit de ses économies; il proposa et fit accepter comme son successeur un de ses anciens domestiques qui dirige encore aujourd'hui cette métairie.

Je donnerai un peu plus de détails sur la période écoulée de 1872 à 1880 inclusivement parce que les résultats obtenus pendant ces neuf années permettront de juger le rôle du métayage dans les circonstances favorables et dans les circonstances les plus malheureuses.

Composition du Cheptel.

Il existe habituellement sur la ferme quatre juments de travail, un ou deux poulains, quatre vaches, une génisse de un à deux ans, une de deux à trois ans, quatre veaux mâles castrés dès le jeune âge, quatre jeunes bœufs de deux ans, quatre de trois ans, deux taureaux employés à la reproduction, puis vendus à trois ans et demi, trois ou quatre porcs, six moutons, des oies, canards, volailles, etc.

Tous les veaux mâles qui naissent dans la ferme y sont conservés, à moins de tares, jusqu'à trois ans; les jeunes génisses, sauf une, sont remplacées par des veaux mâles achetés au dehors à l'âge de six ou sept semaines. Depuis 1872 l'élevage est dirigé de façon à ce que chaque année on vende quatre bœufs de trois ans, un taureau du même âge, une vache ou génisse pleine. Les poulains mâles sont vendus de six à huit mois; les pouliches ne le sont qu'un peu plus tard, ou bien on les conserve pour remplacer une des juments poulinières.

Le reste du revenu se compose de la moitié du froment qui est partagé intégralement (déduction faite de la quantité nécessaire aux semences), et de la moitié de l'orge après le prélèvement des semences et d'une partie consacrée à la nourriture des porcs et du bétail; l'avoine est généralement toute employée à l'alimentation des chevaux et aux semences. Les fruits, le cidre, les volailles, n'ont pour le propriétaire qu'une importance accessoire, bien que, d'après les usages, il ait droit à la moitié de ces divers produits.

Pendant longtemps la terre n'avait pas eu d'autre fumure que le fumier produit dans la ferme en quantité insuffisante; on y ajoutait pour chaque hectare semé en froment un compost formé de 20 hectolitres de chaux vive, de terres et de détritus végétaux provenant du curage des fossés. Depuis quelques années, par suite de l'extension de la production fourragère, la ferme a pu fournir une quantité de fumier plus considérable, en outre des engrais étrangers dont on verra ci-dessous le détail, ont été achetés soit aux frais communs du métayer et du propriétaire conformément aux usages, soit par le propriétaire seul.

Améliorations foncières réalisées de 1872 à 1880.

Les améliorations foncières réalisées par ce dernier dans la période de 1872-1880 peuvent se résumer ainsi :

Construction d'une loge	2.000 fr.
Transformation d'une écurie en étable	300
Reconstruction du four, réparations à la maison	200
Transformation d'un champ d'un hectare en prairie	500
Suppression de plusieurs haies, nivellements, drainages, canaux de desséchement et d'irrigation dans deux prairies de cinq hectares et dans deux champs	1.600
Total	4.600 fr.

Il faut y ajouter des dépenses que le propriétaire a prises volontairement à sa charge en dehors des obligations de son bail et des usages ruraux :

1° Bois donné au métayer pour la construction d'une charrette, d'un rouleau, etc. . . . . 200 fr.

Engrais divers, fumiers pour les prairies, poudrettes, Guanos, phosphates, nitrates de soude employés en couverture sur les céréales et payés par le propriétaire seul pendant diverses années pour une somme de 1.100

(Nous considérons cette dernière somme comme un capital engrais qui, se transformant en pailles, fumiers etc., doit avec une bonne gestion non seulement se conserver mais s'accroître.)

Si on y ajoute le capital immobilisé par le propriétaire de 1868 à 1871 par les améliorations indiquées à la page 24 et s'élevant à . . . . 4.155 fr.

on trouve une valeur totale de. . . . . 10.055 fr.
soit un peu plus de dix mille francs consacrés par le propriétaire, de 1868 à 1880, à l'amélioration de la ferme et à l'exploitation.

Résultats de l'entreprise. — 1° Pour le propriétaire.

Voici maintenant les résultats financiers de l'entreprise pendant cette même période. Nous indiquons dans la seconde colonne la part du propriétaire, dans la troisième, le chiffre du capital immobilisé par lui ; dans la quatrième, le taux de l'intérêt qu'il a obtenu chaque année de ce capital. Pour déterminer celui-ci, nous avons porté la valeur du fonds à 2.200 francs par hectare, valeur moyenne de la terre pendant cette période, et nous avons ajouté, année par année, les dépenses faites par le propriétaire et employées en améliorations foncières. Nous complèterons ce tableau par des extraits textuels du livre de comptes que nous annexons à ce travail. (Voir 3ᵉ Partie.)

ANNÉES	PART DU PROPRIÉTAIRE déduction faite des dépenses ou revenu net	CAPITAL ENGAGÉ	TAUX DE L'INTÉRÊT de ce capital.
1872	3.181 fr. 38	61.155 fr.	5 fr. 20 0/0
1873	3.047 00	61.655	4 94 0/0
1874	3.459 20	63.655	5 43 0/0
1875	2.721 75	65.755	4 13 0/0
1876	2.688 10	65.755	4 08 0/0
1877	2.408 70	66.055	3 64 0/0
1878	2.063 55	66.055	3 17 0/0
1879	1.792 00	66.455	2 69 0/0
1880	2.319 00	67.005	3 46 0/0
Moyennes	2.631 fr. 18	64.838	4 08

Il ressort de ces chiffres un revenu net moyen de 2.631 fr. 18 et un intérêt moyen de 4 fr. 08 du capital engagé par le propriétaire. Il est évident que le résultat eût été bien meilleur sans les quatre années exceptionnellement mauvaises que nous venons de traverser et sans l'avilissement du prix des principaux produits agricoles.

Quoi qu'il en soit, l'opération peut être considérée comme avantageuse pour le propriétaire, si l'on tient compte de ces circonstances : d'abord le capital engagé par lui n'est pas compromis ; si en effet la terre louée 1.600 francs de 1858 à 1867 valait alors, au denier trente, 48.000 francs ; aujourd'hui, malgré le découragement des agriculteurs, l'incertitude de l'avenir pousse beaucoup de capitalistes à chercher des placements fonciers et les ventes de terre ne se font pas au-dessous du denier 25 ou 26, elles atteignent même encore le denier 28 et le denier 30 : or, même au denier 26, une métairie de 26 hectares produisant un revenu de 2.631 fr. aurait une valeur d'au moins 68.000 francs ou 2.600 franes l'hectare. Par conséquent, sans même tenir compte de la moitié du bétail dont la valeur s'est accrue depuis 1868, les fonds engagés par le propriétaire sont sauvegardés.

Quant au revenu, celui de ces dernières années est évidemment insuffisant : si en effet on retranche des recettes le prix des engrais fournis par le propriétaire seul, au lieu de les considérer comme un capital incorporé à l'immeuble, on trouve un revenu de 3 fr. 19 0/0 en 1877, de 3 fr. 17 0/0 en 1878 et de 2 fr. 09 0/0 en 1879 ! Il est impossible qu'avec un revenu aussi restreint le propriétaire puisse entreprendre aucune amélioration, ou même qu'il puisse trouver de quoi subvenir à ses dépenses ordinaires. Mais, avec un fermier, sa situation eût-elle été meilleure ? Aurait-il reçu exactement son fermage ? L'aurait-il même reçu en partie ? Aurait-il pu empêcher l'exploitant de sacrifier une partie ou la totalité de son bétail et d'entamer la valeur intrinsèque du sol en lui refusant les fumures nécessaires ?

La réponse à ces questions nous sera fournie par l'examen de la situation de l'exploitant.

Résultats de l'entreprise. — 2° Pour l'exploitant.

Cherchons à déterminer l'importance de ses dépenses et de ses bénéfices : pour sa nourriture, celle de sa famille et de ses domestiques, il doit prélever sur sa part de froment à raison de 3 hectolitres 1/2 par tête, pour cinq personnes . . . . 18 hectolitres
Pour les journaliers employés au moment de la récolte . 2 hectolitres

Soit ensemble . . . . 20 hectolitres

de froment dont nous pouvons fixer la valeur par le prix des ventes faites chaque année par le propriétaire ; c'est là le seul élément que nous faisons varier dans l'évaluation de ses dépenses de consommation. En effet nous n'avons rien à porter pour la valeur des pommes de terre qu'il consomme et qu'il prend dans ses champs, rien non plus pour les produits de son jardin dont il profite seul ainsi que de presque toutes les volailles, sauf les oies qui sont partagées par moitié ; la viande lui est fournie par un ou deux porcs engraissés sur la ferme, par les oies et par le produit des volailles ; enfin comme boisson il a la moitié du gros cidre et la totalité du petit cidre ; nous évaluons ces deux dépenses, viande et boisson, à une somme fixe de 200 francs représentant le prix des produits correspondants qui entrent dans la part du propriétaire, le surplus étant fourni à l'exploitant par les produits dont il a seul la jouissance.

Ces chiffres, bien qu'approximatifs, ne doivent pas s'éloigner sensiblement de la réalité, car habituellement le métayer ne vend pas de cidre;
l'excédent qui lui reste dans les bonnes années lui sert dans les années
où les fruits manquent. Le produit des pousses des haies mises en coupe
régulière tous les six ou sept ans lui fournit, outre le combustible qui lui
est nécessaire, un certain bénéfice représentant à peu près les frais d'entretien de ses outils et de ses instruments aratoires.

Il reste à indiquer les gages de ses domestiques et auxiliaires; on peut
les évaluer ainsi :

1° Un domestique de 25 à 30 ans gagnant. . . . . 350 fr.
2° Un domestique de moins de 20 ans ou une femme gagnant   200
3° Journaliers employés à certaines époques de l'année environ 150

Total des gages des auxiliaires . . . . . . 700 fr.

D'après ces bases, si nous retranchons du revenu annuel du propriétaire indiqué ci-dessus 1° le prix de 100 double-décalitres de froment fixé
d'après les cours de chaque année, 2° 200 francs pour la dépense de viande
et de boisson consommées dans la ferme outre les produits dont l'exploitant a seul la jouissance, 3° enfin 700 francs pour les gages des domestiques et des journaliers, nous aurons la somme disponible restant à la fin de
chaque année au métayer et représentant son salaire et celui de sa femme
avec l'intérêt du capital qu'il a engagé dans l'exploitation. C'est ce qu'indique le tableau suivant.

ANNÉES	VALEUR DES PRODUITS consommés dans la ferme et gages des domestiques et des ouvriers auxiliaires.	BÉNÉFICES DU MÉTAYER représentant son salaire et l'intérêt de son capital.	CAPITAL ENGAGÉ par le métayer.
1872	1.306	1.875	
1873	1.500	1.547	
1874	1.335	2.124	8.000 fr.
1875	1.300	1.421	
1876	1.336	1.352	
1877	1.386	1.022	
1878	1.265	798	9.000 fr.
1879	1.350	442	
1880	1.300	1.019	
Moyennes. .	1.342	1.288	8.555 fr.

Les extraits du livre de compte que nous avons placés à la suite de ce travail justifieront les chiffres de ce tableau. Les résultats des quatre dernières années sont certes peu satisfaisants; en 1879 surtout, le métayer n'arrive pas à obtenir un intérêt de 5 p. 0/0 de son capital d'exploitation, il ne lui reste pas un centime pour son salaire et celui de sa femme; leur nourriture et celle de leur famille constitue la seule rémunération de leur travail; assurément on ne saurait trop déplorer une situation pareille, mais, en somme, ce métayer a pu vivre sans entamer son capital, sans compromettre son avenir; en eût-il été de même s'il avait été fermier à prix d'argent ?

Admettons que le propriétaire ait conclu un bail de fermage au prix moyen qui ressort des tableaux ci-dessus, c'est-à-dire à raison de 2.631 fr. par an. Dans les trois années 1872, 1873, 1874, D. qui exploitait alors la ferme aurait réalisé un bénéfice assez important, en supposant toutefois qu'il ait adopté les modifications d'assolement et d'élevage qu'a exigées le propriétaire, et en supposant aussi que celui-ci ait bien voulu s'imposer les mêmes dépenses de construction et de drainage. Mais pour L. qui n'a pris la direction de la ferme qu'à partir de 1875, il en eût été tout autrement : il eût gagné 90 francs la première année, 88 la seconde soit ensemble 178 francs. Mais dans les quatre années suivantes il aurait perdu 1.941 francs, en resumé il aurait, d'après le tableau qui précède, (1) subi une perte de 1.764 francs; mais, en réalité, sa perte eût été bien plus considérable, car il n'est pas douteux que les produits eussent été sensiblement moindres sans les travaux d'améliorations et sans les engrais étrangers fournis par le propriétaire seul.

Il n'est pas téméraire d'admettre que la valeur des récoltes eût été diminuée d'une somme représentant au moins le prix d'achat de ces engrais; la perte du fermier aurait donc atteint le chiffre de 3.000 francs en six ans, soit 500 fr. par an en moyenne, sans compter la perte d'intérêt de son capital d'exploitation qui, en cas de fermage, aurait dû être sensiblement plus considérable.

Telle est malheureusement la situation actuelle de beaucoup de fermiers qui, ayant conclu des baux dans la période de 1872 à 1875, ont été les plus cruellement éprouvés par la crise actuelle : combien ont été obligés de solliciter des délais pour le payement de leur fermage ! Combien, même en obtenant des réductions de prix, ont été incapables d'exécuter leur bail, et contraints de quitter leur ferme sans mobilier, sans bétail, après épuisement complet de leurs ressources !

1. Voir le tableau page 27, deuxième colonne.

Conclusion.

En résumé, loin de moi la prétention de soutenir que l'agriculture puisse, par la seule vertu du métayage, triompher des difficultés contre lesquelles elle use en ce moment ses forces : quand le propriétaire ne reçoit plus d'intérêt des fonds qu'il emploie en améliorations culturales, non seulement il renonce à en tenter de nouvelles, mais il restreint les dépenses les plus indispensables ; bientôt, si cette situation se prolongeait, il en serait réduit, comme les fermiers besoigneux, à ne faire donner aux cultures que des fumures insuffisantes et à entamer la réserve des forces productives accumulées dans le sol.

Quand le métayer le plus laborieux parvient à peine à gagner sa nourriture, comment n'engagerait-il pas ses enfants à chercher dans une autre profession un emploi plus avantageux de leur travail ?

Tout prouve donc la nécessité de délivrer l'agriculture des entraves qui l'étouffent et de la placer dans les mêmes conditions que nos autres industries nationales. Mais, ce que je veux établir, ce qui ressort, selon moi, avec évidence de la comptabilité, dont nous venons d'indiquer les résultats, c'est qu'en somme, de tous les modes d'exploitation, le métayage est encore celui qui offre le plus d'avantages au milieu de la crise présente.

Grâce à lui, dans les neuf années de 1872 à 1880, le propriétaire a accru la valeur intrinsèque de sa terre ; malgré les conditions atmosphériques et commerciales les plus défavorables, il en a retiré un revenu supérieur à celui qu'il aurait pu obtenir au moyen du fermage ; il l'a surtout maintenue en bon état d'exploitation en attendant des temps meilleurs.

Le métayer, tout en n'obtenant qu'une rémunération insuffisante de son travail, a pu conserver ses ressources intactes, profiter des améliorations réalisées par le propriétaire et ne ressentir les effets de la crise qu'à un degré infiniment moindre que s'il eût été fermier à prix d'argent.

C'est la seule conclusion que je veuille tirer de cette étude.

TROISIÈME PARTIE

PIÈCES JUSTIFICATIVES

EXTRAIT DES LIVRES DE COMPTES POUR LES ANNÉES 1872–1880

1872

Part du propriétaire dans les dépenses et dans les recettes.

	Dépenses.		Recettes.	
Acheté deux brebis 130 fr.	65	»	»	»
Vendu deux porcs 185 fr.	»	»	92	50
Payé 400 kil. engrais Salles à 30 fr. 65.	61	30	»	»
Payé 300 kil. phosphates à 5 fr. 50=16 fr. 50.	8	25	»	»
Acheté deux brebis Cotswolds 222 fr.	121	»	»	»
Vendu une pouliche de huit mois 220 fr.	»	»	110	»
Vendu un porc 100 fr.	»	»	50	»
Vendu deux bœufs de deux ans et demi 625 fr.	»	»	312	50
Vendu deux jeunes porcs 104 fr.	»	»	52	»
Acheté graines de trèfle, blé noir, choux ray-grass 78 fr. 50.	39	25	»	»
Saillie de deux juments 21 fr.	10	50	»	»
Vendu deux bœufs de trois ans 830 fr.	»	»	415	»
Acheté un veau 120 fr.	60	»	»	»
Reçu deux barriques poiré.	»	»	35	»
Reçu trois barriques pommé à 35 fr.	»	»	105	»
Vendu un bélier 100 fr., un agneau, 48 fr.	»	»	74	»
Vendu un poulain 490 fr.	»	»	245	»
Vendu une truie 134 fr.	»	»	67	»
Payé moitié de l'impôt foncier.	48	»	»	»
Payé moitié de 240 hectolitres de chaux.	167	»	»	»
Reçu 478 doubles-décalitres de froment vendus 4 fr. 06.	»	»	1940	68
Reçu 108 d.-déc. orge à 2 fr. 25 et 5 d.-déc. blé noir à 2 fr.	»	»	253	»
Totaux.	580	30	3751	68

OBSERVATIONS

Le capital immobilisé par le propriétaire se compose :
1° De la valeur de la terre à raison de 2200 fr. l'hectare. . . 57.000 fr.
2° De la moitié du bétail achetée pour la somme de 2.655 fr.
3° Des améliorations foncières réalisées ayant coûté. 1.500 fr.
Total du capital engagé par le propriétaire. 61.155 fr.
Le Métayer a engagé :
1° En bétail 2.655 fr.
2° En instruments, mobilier capital d'exploitation. . . . 5.345 fr.
Total. . . 8.000 fr.

Excès des recettes sur les dépenses 3.181 fr. 38 représentant un intérêt de 5 fr. 20 du capital engagé par le propriétaire. Le bénéfice du métayer a été, déduction faite de sa consommation, 1.875 fr. soit 23 fr. 43 pour cent de son capital d'exploitation, représentant l'intérêt de ce capital et son salaire.

1873

Part du propriétaire dans les recettes et les dépenses.

	Dépenses	Recettes	OBSERVATIONS
Reçu pour deux porcs vendus 160 fr. . . .	» »	80 »	Le capital
Vendu une vielle jument 370 fr.	» »	185 »	engagé par le
Vendu 4 porcillons 75 fr.	» »	37 50	propriétaire
Vendu deux moutons 119 fr.	» »	59 50	se compose :
Vendu une vache 270 fr.	» »	135 »	1o De la
Vendu deux bœufs 900 fr.	» »	450 »	même somme
Acheté son, tourteaux et maïs 154 fr. . . .	77 »	» »	que l'année
Acheté un veau et échange de deux au-			précédente
tres 226 fr.	113 »	» »	soit. . . . . 61 155 fr.
Saillie de deux juments 21 fr.	10 50	» »	2o Et en
Acheté choux, graines diverses de cou-			plus des dé-
page 60 fr.	30 »	» »	penses faites
Vendu un taureau de trois ans pesant 815 k.			en 1873 pour
650 fr.	» »	325 »	la transfor-
Reçu pour le tiers du prix des saillies. .	» »	60 »	mation d'une
Payé moitié de l'impôt foncier.	48 90	» »	écurie en éta-
Payé la moitié de 250 hectolitres de chaux.	178 60	» »	ble, recon-
Vendu deux truies 176 fr.	» »	88 »	struction d'un
Reçu en partage 232 d.-décalitres froment			four et répa-
à 6 fr.	» »	1392 »	rations à la
Reçu 96 d.-décalitres d'orge vendus 3 fr. .	» »	288 »	maison du Co-
Reçu 50 d.-décalitres d'avoine vendus 2 fr.	» »	100 »	lon. . . . . 500 fr.
Reçu 6 barriques pommé à 30 fr. et une			Total. . . 61 655 fr.
poiré à 20 fr.	» »	200 »	Le capital
Reçu oies et volailles pour une valeur de.	» »	45 »	engagé par
			le Métayer est
Totaux	458 »	3445 »	toujours de 8 000 fr.

Excès des recettes sur les dépenses 3.047 fr. soit un intérêt de 4 fr. 94 0/0 du capital engagé par le propriétaire. Bénéfices du métayer 1.547 fr. soit 19 fr. 33 0/0 de son capital d'exploitation, représentant l'intérêt de ce capital et son salaire.

1874

Part du propriétaire dans les recettes et les dépenses.

	Dépenses	Recettes	OBSERVATIONS
Vendu une pouliche de trois ans 1/2 sang, 650 fr.	» »	325 »	L'année 1874, exceptionnellement féconde en céréales, aurait donné un résultat bien meilleur encore sans les accidents survenus à plusieurs animaux de race bovine : un bœuf est mort météorisé, un autre n'a pu se guérir complètement et a été vendu à vil prix au commencement de 1875.
Acheté son, tourteaux, drache 96 fr. 50. .	48 25	» »	
Acheté semence de trèfle et de ray. grass 38 fr.	19 »	» »	
Acheté semence de luzerne 136 fr. 10. . .	68 05	» »	
Vendu deux bœufs de trois ans pesant 1150 kil. 900 fr.	» »	450 »	
Vendu un agneau cottswolds 50 fr. . . .	» »	25 »	
Vendu six porcillons 103 fr.	» »	51 50	
Vendu une vieille vache 255	» »	127 50	
Vendu deux porcs 120 et une truie 110=230 fr.	» »	115 »	Le capital du propriétaire peut être évalué ainsi :
Vendu un poulain de huit mois 300 fr. . .	» »	150 »	
Vendu un veau malade et la peau d'un bœuf mort 44 fr.	» »	22 »	1º Capital immobilisé antérieurement. . . . 61 655 fr.
Payé pour divers remèdes 22 fr.	11 »	» »	
Payé la moitié de l'impôt foncier.	50 »	» »	
Payé la moitié de la chaux.	174 »	» »	2º frais de construction d'une loge bâtie en 1874 . . 2 000 fr.
Reçu 5 barriques poiré à 20 fr. et une de pommé à 30 fr.	» »	130 »	
Reçu 20 d.-déc. blé noir à 2 fr. 50. . . .	» »	50 »	Total. . . 63 655 fr.
Reçu 485 d.-déc. de froment à 4 fr. 35. .	» »	2103 40	Le capital d'exploitation du Métayer reste toujours au chiffre de 8000 fr.
Reçu 96 d.-déc. d'orge à 2 fr. 66 l'un. .	» »	255 80	
Reçu valeur en volailles diverses.	» »	24 30	
Totaux.	370 30	3829 50	

Excès des recettes sur les dépenses 3.459 fr. 20 soit un intérêt de 5 fr. 43 0/0 du capital engagé par le propriétaire.

Le bénéfice du métayer est de 2.124 fr. soit 26 fr. 55 0/0 de son capital d'exploitation représentant l'intérêt de ce capital et le salaire de son travail.

1875

Part du propriétaire dans les dépenses et recettes.

	Dépenses		Recettes		OBSERVATIONS
Vendu un bœuf de trois ans très maigre 200 fr.	»	»	100	»	La récolte des céréales a été fort compromise par les gelées tardives : Leur prix, qui en 1874 avait été de 22 fr. l'hectolitre avec un rendement de plus de trente hectolitres à l'hectare, tombe en 1875 à 20 fr. bien que le rendement n'eût été que de 20 hectolitres à l'hectare. Le revenu a été surtout fourni par les autres produits.
Vendu un porc 86 fr.	»	»	43	»	
Acheté 750 livres de son 57 fr.	27	50	»	»	
Acheté semences de pois et de maïs 58 fr. 70	29	35	»	»	
Vendu deux vieilles vaches 500 fr.	»	»	250	»	
Vendu une pouliche de dix mois 450 fr.	»	»	225	»	
Vendu deux jeunes bœufs 680 fr.	»	»	340	»	
Acheté une génisse pleine 300 fr.	150	»	»	»	
Vendu cinq porcillons 86 fr.	»	»	43	»	
Vendu deux bœufs pesant 1230 kil. 960 fr.	»	»	480	»	
Vendu deux petits agneaux 50 fr.	»	»	25	»	
Vendu une truie 85 fr. et trois porcs 220=305 fr.	»	»	152	50	Le capital du propriétaire se compose :
Payé la moitié de 212 hectolitres de chaux	123	10	»	»	1º Du capital immobilisé antérieurement à 1875 soit. . 63 655 fr.
Payé la moitié de l'impôt foncier.	51	»	»	»	2º Des dépenses faites en 1875 pour niveler, drainer et fumer 3 hectares de prairie . . . 2 100 fr.
Payé la moitié de la note de l'affranchisseur	17	50	»	»	
Reçu quatre barriques poiré à 25 fr. et deux barriques pommé à 35 fr.	»	»	170	»	
Reçu 270 d.-décalitres froment à 4 fr.	»	»	1080	»	
Reçu 97 d.-déc. orge à 2 fr. 16.	»	»	209	50	
Reçu dix oies et six poulets.	»	»	40	»	Total. . . 65 755 fr.
Un sac de guano fourni par le propriétaire seul pour essai sur une culture de betteraves, achat et transport.	37	80	»	»	Le métayer a toujours la même somme engagée, soit 8.000 francs.
Totaux	436	25	3158	»	

Excès des recettes sur les dépenses 2.721 fr. 75 soit un intérêt de 4 fr. 13 0/0 du capital engagé par le propriétaire.

Bénéfices du métayer, déduction faite des produits nécessaires à sa consommation, 1.421 fr. ou 17 fr. 76 0/0 de son capital d'exploitation, représentant l'intérêt de ce capital et le salaire du colon.

1876

Part du propriétaire dans les dépenses et dans les recettes.

	Dépenses	Recettes	OBSERVATIONS
Vendu deux moutons 62 fr.	» »	31 »	La récolte du cidre a été nulle, la petite quantité de fruits récoltée a été laissée à l'exploitant. La mauvaise qualité des fourrages a rendu nécessaire de donner aux animaux 60 doubles - décalitres d'orge outre le son et les tourteaux achetés au dehors.
Acheté tourteaux, son pour le bétail 168 fr. 50	84 25	» »	
Vendu deux jeunes bœufs 680 fr.	» »	340 »	
Vendu trois porcillons 76 fr.	» »	38 »	
Acheté luzerne, 35 kil. 105 fr.	52 50	» »	
Acheté pour semences de trèfle, ray. grass, vesces, maïs.	66 »	» »	
Vendu une vieille jument 450 fr.	» »	225 »	
Vendu une vieille vache 220 fr.	» »	110 »	
Vendu quatre moutons 121 fr.	» »	60 50	Le capital immobilisé par le propriétaire reste fixé au même chiffre que l'année précédente, soit à 65.755 francs.
Échange de deux génisses contre des veaux mâles 20 fr.	10 »	» »	
Vendu une truie et deux porcs 215 fr. . .	» »	107 50	
Vendu un taureau pesant 730 kil., 540 fr. .	» »	270 »	Celui du métayer est augmenté de 1000 fr., par l'achat d'une machine à battre, il doit donc être porté à 9000 fr.
Vendu deux bœufs pesant 1210 kil. 720 fr.	» »	360 »	
Payé la moitié de la chaux.	145 »	» »	
Payé la moitié de l'impôt foncier	53 »	» »	
Payé la moitié de la note de l'affranchisseur.	10 »	» »	
Reçu pour le tiers du produit des saillies d'un taureau.	» »	30 »	
Reçu 3540 d.-déc. froment à 4 fr. 36. . . .	» »	1543 04	
Reçu, déduction faite de l'orge consommée par le bétail, 41 d.-d. orge à 2 fr. 66.	» »	109 06	
Acheté 520 d.-déc. poudrette à 0,50 = 260,00	130 »	» »	
Reçu 5 oies vendues	» »	14 75	
Totaux. . . .	550 75	3238 85	

Excès des recettes sur les dépenses 2688 fr. 10 soit un intérêt de 4 fr. 08 0/0 du capital engagé par le propriétaire.

Les bénéfices du métayer sont de 1362 fr. ou 15 fr. 02 0/0 de son capital d'exploitation, déduction faite comme toujours de la valeur des produits consommés par lui et sa famille et des gages de son personnel.

1877

Part du propriétaire dans les dépenses et dans les recettes.

	Dépenses		Recettes		OBSERVATIONS
Vendu une brebis 58 fr.	»	»	29	»	Le revenu de l'étable a été diminué, en 1877, par l'avortement de plusieurs vaches, ce qui a rendu nécessaire l'achat de deux veaux et par quelques cas de fièvre aptheuse qui n'ont heureusement atteint qu'une partie des animaux, grâce à un isolement complet des sujets malades.
Vendu 4 porcillons 84 fr.	»	»	42	»	
Acheté tourteaux 45 fr.	22	50	»	»	
Acheté graine de trèfle, ray. grass et maïs. 61 fr.	30	50	»	»	
Acheté un veau 100 fr., un autre 85 fr. . .	92	50	»	»	
Vendu une génisse de deux ans 275 fr. . .	»	»	132	50	
Vendu deux moutons, dont un bélier 128 fr.	»	»	61	»	
Vendu une truie 90 fr.	»	»	45	»	
Vendu deux bœufs pesant 1400 kil. 840 fr.	»	»	420	»	
Payé la moitié de la chaux.	135	50	»	»	Le capital immobilisé par le propriétaire comprend :
Payé note de l'affranchisseur, 22 fr. 50 . .	11	25	»	»	
Payé la moitié des impôts fonciers. . . .	53	50	»	»	1° le même qu'en 1876 soit. . . . . . . 65.755 fr.
Reçu pour moitié de deux jeunes bœufs, vendus 600 fr..	»	»	300	»	2° les engrais fournis
Reçu valeur en volailles	»	»	23	25	par le propriétaire seul : . . 300 fr.
Reçu 345 doubles-décalitres froment à 4,86.	»	»	1676	70	
Reçu 76 doubles-décalitres d'orge, vendus 2 fr. 76	»	»	207	»	Total. . 66.055 fr.
Reçu six barriques poiré à 15 fr. et une pommé à 25 fr.	»	»	115	»	Le capital d'exploitation du métayer reste au chiffre de 9000 fr.
Totaux.	345	75	3054	45	

Excès des recettes sur les dépenses 2.408 fr. 70. Mais il conviendrait peut-être d'en déduire 300 francs pour achat de phosphoguano fourni par le propriétaire seul; la recette nette de celui-ci n'a donc été que de 2.108 fr. 70, soit un intérêt de 3 fr. 19 du capital engagé. Nous avons expliqué plus haut pourquoi nous avons considéré cette valeur de 300 fr. comme un capital engrais incorporé au fonds; dans cette hypothèse, le revenu du propriétaire doit être porté à 2.408 fr. 70 représentant un intérêt 3 fr. 64 du capital engagé.

Les bénéfices du métayer sont de 1.022 fr. soit 11 fr. 35 0/0 de son capital d'exploitation, déduction faite de la valeur des produits consommés par lui, sa famille et ses auxiliaires et des gages de ceux-ci. Si de cette somme de 1.022 fr. on retranche l'intérêt à 5 0/0 du capital d'exploitation, il reste une somme de moins de 600 fr. pour le salaire du travail du métayer et de sa femme, résultat médiocre mais préférable à celui qu'aurait obtenu un fermier au prix de location moyen de 2.630 fr.

1878

Part du propriétaire dans les dépenses et dans les recettes,

	Dépenses		Recettes		OBSERVATIONS
Vendu deux porcs 135 fr..	»	»	67	50	La récolte des céré-
Vendu deux bœufs pesant 1380 kil. 830 fr.	»	»	415	»	ales a été très mauvaise
Acheté son et tourteaux 70 fr.	35	»	»	»	en 1878 et néanmoins
Acheté graine de trèfle, caillette, ray-grass					leur prix a subi une
et vesce 144 fr..	72	»	»	»	baisse sensible; d'où une
Vendu deux porcs 125, deux autres 105=230	»	»	115	»	double cause de la dimi-
Vendu trois moutons 131 fr.	»	»	65	50	nution du revenu.
Vendu deux bœufs pesant 1350 kil. 800 fr.	»	»	400	»	Les capitaux engagés
Vendu une pouliche de dix mois 400 fr. . .	»	»	200	»	sont les mêmes qu'en
Acheté un veau mâle 105.	52	50	»	»	1877, savoir pour le
Acheté graine de luzerne 50 fr.	25	»	»	»	propriétaire 66.055 fr.
Vendu une vieille vache 200 fr. une autre					pour le fermier 9.000
180 fr..	»	»	190	»	francs.
Payé pour moitié des impôts fonciers. . .	53	50	»	»	
Payé pour moitié de la chaux.	102	»	»	»	
Reçu dix-huit oies et six poulets valant en-					
semble.	»	»	61	»	
Reçu 177 d.-décalitres de froment vendus					
3 fr. 65	»	»	646	05	
Reçu 82 d.-décalitres d'orge vendus 1 fr. 75.	»	»	143	50	
Reçu trois barriques pommé et une poiré					
valant	»	»	100	»	
Totaux	340	»	2403	55	

Excès des recettes sur les dépenses 2.063 fr. 55, soit un intérêt de 3 fr. 17 0/0 du capital engagé par le propriétaire.

Le bénéfice du métayer a été de 798 fr., soit 8 fr. 86 0/0 de son capital d'exploitation, déduction faite des produits consommés par lui, sa famille et ses auxiliaires et des gages de ceux-ci. Si de cette somme de 798 fr. on retranche l'intérêt à 5 0/0 du capital d'exploitation, il reste 348 fr. pour payer le travail du métayer et de sa femme.

1879

Part du propriétaire dans les dépenses et les recettes.

	Dépenses		Recettes		OBSERVATIONS
Vendu un taureau de trois ans pesant 770 kil. 500 fr..	»	»	250	»	L'année 1879 est la plus malheureuse de toute cette période : la récolte des céréales est presque nulle et leur prix est loin de compenser le déficit de la quantité.
Reçu pour le tiers de 75 saillies	»	»	75	»	
Vendu un bœuf pesant 645 kil. 435 fr.. . .	»	»	217	50	
Vendu une vache 220 fr..	»	»	110	»	
Acheté tourteaux de coton, riz, son 200 fr.	100	»	»	»	
Acheté graines de choux, ray-grass, trèfle, vesces 118 fr.	50	»	»	»	La nourriture manque également pour le bétail, il faut y suppléer par 50 d.-déc. d'orge et par des achats de tourteaux, de son et de brisures de riz etc.
Vendu huit porcs 268 fr..	»	»	134	»	
Vendu trois moutons 102 fr.	»	»	51	»	
Echangè un veau mâle contre une génisse 30 fr.	15	»	»	»	
Vendu deux bœufs 700 fr.	»	»	350	»	Le capital du propriétaire comprend :
Payé la moitié des impôts fonciers. . . .	53	50	»	»	1° La même somme qu'en 1878.
Payé la moitié de la chaux.	102	»	»	»	Soit . . . . fr. 66.055
Reçu trois barriques pommé à 35 fr.. . .	»	»	105	»	2° 400 fr. d'eng. 400
Reçu quinze oies et six poulets.	»	»	54	»	Total . . . 66.455
Reçu 150 d.-décalitres de froment à 4 fr. 50.	»	»	675	»	
Reçu 40 d.-décalitres d'orge á 2 fr. 50. . .	»	»	100	»	Le capital d'exploitation du métayer reste au chiffre de 9.000 fr.
Totaux	329	50	2121	50	

Excès des recettes sur les dépenses 1.792 fr. ou 2 fr. 69 0/0 du capital engagé, en considérant comme un capital engrais incorporé à la valeur du fonds 150 fr. de fumier étendu sur les prairies et 250 fr. de nitrate de soude et de superphosphates employés en couverture sur trois hectares de froment, les seuls où la récolte n'ait pas été pour ainsi dire nulle. Mais si l'on retranchait ces 400 fr. d'engrais payés par le propriétaire seul, des recettes indiquées ci-dessus, le revenu net tomberait au chiffre de 1.392 fr. soit un intérêt de 2 0/0 du capital engagé.

Quant au fermier, ses bénéfices calculés comme les années précédentes n'ont été que de 442 fr., c'est-à-dire équivalent à peine à l'intérêt à 5 0/0 de son capital d'exploitation ! Du moins ce capital a pu rester intact, sa subsistance, celle de sa famille et de son personnel étant assurée.

1880

Part du propriétaire dans les dépenses et dans les recettes.

	Dépenses		Recettes		OBSERVATIONS
Vendu deux bœufs pesant 1.360 kil. 800 fr.	»	»	400	»	La production des céréales est un peu moins mauvaise que l'année précédente, mais les fourrages sont de mauvaise qualité et le prix du bétail diminue. Tous les moutons ayant été atteints ou menacés de cachexie ont dû être vendus à vil prix.
Acheté riz, tourteaux de coton 250 fr. . . .	125	»	»	»	
Acheté graines de maïs et luzerne 140 fr.	70	»	»	»	
Vendu une truie 65 et deux porcs 136=201 fr.	»	»	100	50	
Vendu plusieurs moutons 136 fr.	»	»	68	»	
Vendu une poliche 1/2 sang de 2 ans 1/2 600 fr.	»	»	300	»	
Vendu deux jeunes bœufs 630 fr.	»	»	315	»	Le capital du propriétaire comprend :
Payé moitié de la chaux 204 fr.	102	»	»	»	1° Le capital immobilisé en 1879 : 66455 fr.
Payé la moitié de l'impôt foncier. . . .	53	50	»	»	2° Les engrais fournis par lui dans le cours de 1880. . 550
Reçu 7 barriques pommé à 35 fr. et 3 de poiré à 25.	»	»	320	»	
Reçu oies et volailles valant.	»	»	30	»	
Reçu 224 doubles décalitres de froment à 4 fr.	»	»	896	»	
Reçu 120 d.-déc. orge à 2 fr.	»	»	240	»	
Totaux	350	50	2669	50	Total. . . 67005 fr.

Excédent des recettes : 2.319 francs, soit un intérêt de 3 fr. 46 p. 0/0 du capital immobilisé par le propriétaire. Mais cette année encore le propriétaire a pris seul à sa charge l'achat de 400 doubles-décalitres de poudrette à 0 fr. 50 et de nitrates de soude et de superphosphates ayant coûté 350 francs. C'est donc encore une valeur de 550 francs que nous ajoutons au capital immobilisé, mais si on la retranchait des recettes ci-dessus, le revenu net du propriétaire tomberait au chiffre de 1.769 fr. représentant un intérêt de 2 fr. 64 p. 0/0 du capital engagé.

Les bénéfices du fermier calculés comme pour les années précédentes ont été de 1.019 francs, soit 11 fr. 32 p. 0/0 de son capital d'exploitation ; c'est à quelques francs près le même résultat qu'en 1877. Mais il eût été un peu meilleur sans l'abaissement du prix des céréales.

Nota. — L'année agricole, dans la Mayenne, commence et finit le

1ᵉʳ novembre. C'est pour cela que nous pouvons donner les comptes de 1880 intégralement.

Les tableaux qui précèdent ne permettent pas d'évaluer avec précision la production fourragère; la comptabilité ordinaire des propriétaires à moitié ne mentionne que les objets achetés et vendus ou reçus en partage par le propriétaire, elle n'indique pas les quantités des produits consommés dans la ferme ou réservés au métayer. Ainsi les semences des céréales ne sont point portées sur ces tableaux parce qu'elles sont prélevées au moment du partage et que leur renouvellement au moyen d'échanges ne donne lieu ni à perte, ni à bénéfice; la différence, quand il s'en trouve, est portée à l'article relatif aux achats de graines diverses. La comptabilité ne comprend pas non plus la quantité d'orge consommée par le bétail, ni celle des pailles, des foins et des racines récoltées (1); c'est sans doute une lacune regrettable, mais ces comptes, qui ne sont pas destinés à servir à des études spéculatives, ont au moins le mérite par leur simplicité même de permettre au propriétaire d'apprécier exactement quel est son revenu net.

Du reste, le poids des animaux vendus prouve suffisamment le développement de la production fourragère qui s'est accrue de plus d'un tiers depuis 1872, et qui est aujourd'hui deux fois plus considérable qu'en 1867.

Les intempéries de ces dernières années et l'abaissement des céréales sont la cause principale de la diminution des revenus; depuis 1876 la plus grande partie de ceux-ci a été fournie par le bétail qui a lui-même subi une baisse sensible; dans toute la contrée les moutons ont été atteints de cachexie aqueuse, il a fallu les vendre à vil prix; le cours des porcs seuls s'est relevé sensiblement juste au moment où l'on venait de restreindre sinon d'abandonner tout à fait leur élevage.

Malgré ces obstacles divers, la production brute de la ferme s'est développée : l'augmentation du nombre et du poids des animaux entretenus sur la ferme est assez importante pour qu'ils représentent, même avec les cours actuels, une valeur supérieure à celle du bétail de 1868. L'exploitation est donc en bonne voie et les revenus ne manqueraient pas de se relever si les conditions atmosphériques et commerciales devenaient moins défavorables à toutes les entreprises agricoles.

1. Il est absolument interdit aux exploitants de vendre aucune partie des pailles, foins, racines et en général de toutes les plantes fourragères qui ne sont jamais assez abondantes pour l'alimentation du bétail et la production du fumier.

BAIL DE MÉTAYAGE

Nous terminons cette série des pièces justificatives par une copie du bail conclu en 1867 :

« Entre les soussignés........ il a été convenu ce qui suit :

Monsieur et Madame...... donnent aux époux D. à titre de bail à colonie partiaire ou franche moitié, pour une année à partir du premier novembre mil-huit-cent-soixante-sept la métairie de......... située commune de.......... et contenant environ vingt-six hectares, sans exception ni réserve.

Ce bail est consenti aux conditions suivantes :

1° Les preneurs transporteront au domicile sus-indiqué des bailleurs la moitié franche et entière des grains, cidres, fruits, volailles et en général de tous les fruits tant naturels qu'industriels.

2° Il y aura sur la ferme telles quantités et espèces d'animaux qu'il plaira aux bailleurs et les pièces de terre seront ensemencées et cultivées dans l'ordre et avec les espèces de grain qu'ils désigneront, sans qu'il y ait jamais plus d'un tiers des terres arables ensemencé en céréales d'hiver, ni plus d'un sixième en orge ou en avoine de printemps ; il ne sera semé de trèfle que dans le sixième consacré aux orges et aux avoines de printemps ; un autre sixième sera cultivé en choux poitevins, betteraves, carottes ou pommes de terre, et le dernier sixième en coupages verts tels que seigle, vescerons, pois, maïs.

3° Il sera mis sur le lieu autant d'engrais étrangers qu'il conviendra aux bailleurs ; tous ces engrais seront transportés et étendus par les preneurs et payés par moitié par eux et par les bailleurs.

4° Les bailleurs se réservent les bois morts et ceux abattus par le vent ; et les preneurs les transporteront sans indemnité au domicile des bailleurs ainsi que tous les bois que ceux-ci voudraient faire abattre pour chauffage.

5° Les preneurs reconnaissent avoir trouvé les barrières du lieu en bon état ; ils seront tenus de les entretenir avec le bois fourni par les bailleurs.

6° Par dérogation aux usages, les bailleurs s'engagent à n'exiger, outre la moitié des jeunes oies, que six poulets chaque année.

7° Pour tout ce qui n'est pas prévu dans le présent sous-seing les parties déclarent vouloir se conformer aux usages ruraux de l'arrondissement de Laval.

Fait double le.........

TABLE ANALYTIQUE

PREMIÈRE PARTIE

Considérations générales.

I. Origine du métayage 6
II. Causes de son succès dans La Mayenne. 6
    Usages Ruraux. 6
    Caractère des relations entre les propriétaires et les métayers. 8
    Progrès agricoles dus à l'influence du métayage. 9
    Etendue des exploitations. 11
III. Obstacles qui s'opposent actuellement au développement du métayage . 13
IV. Des effets de la crise actuelle sur les fermiers et sur les métayers . . 14
V. Modifications proposées au contrat de métayage 16
VI. Modifications réalisables 17
VII. Motifs d'espérer le maintien du métayage dans la Mayenne. 18

DEUXIÈME PARTIE

Monographie d'une métairie de l'arrondissement de Laval.

Description. 20
Produit obtenu sous le régime du fermage de 1858 à 1867. 21
Bail de métayage. 21
Réformes réalisées grâce au métayage. 22
Produit obtenu par le métayage : première période, de 1868 à 1872. . . 23
      id.   deuxième période, de 1872 à 1880. . . 25
Composition du cheptel. 25
Améliorations foncières réalisées. 26
Résultats de l'entreprise 1º pour le propriétaire 27
                  2º pour l'exploitant. 28
Conclusion. 31

TROISIÈME PARTIE

Pièces justificatives.

Extrait des livres de compte pour les années 1872-1880 32
Bail de métayage 44

Imp. de la Soc. de Typ. - J. Mᴇʀsᴄʜ, 8, r. Campagne-Première. Paris.